"小小极客"系列

飞出地球

● 李 蕾 编著

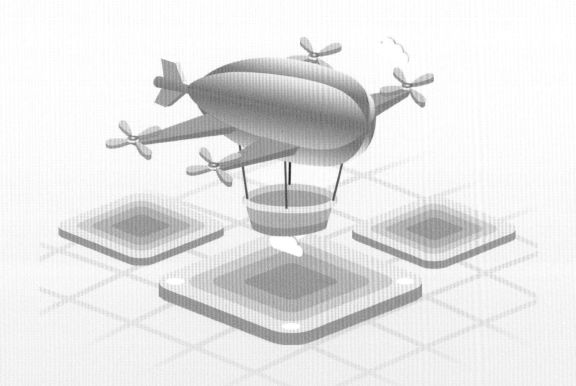

海豚出版社
DOLPHIN BOOKS
CIPG
中国国际出版集团

新世界出版社
NEW WORLD PRESS

编者的话

在这个无处不科技的时代，越早让孩子感受科技的力量，越早能够打开他们的智慧之门。

身处这个时代、站在这个星球上，电脑科技的历史有多长？人类和电脑究竟谁更聪明？人类探索宇宙的步伐走到了哪里？"小小极客"系列通过鲜活的生活实例、深入浅出的讲述，让孩子通过阅读内容、参与互动游戏，了解机器人、计算机编程、

虚拟现实、人工智能、人造卫星和太空探索等最具启发性和科技感的主题，从小培养科技思维，锻炼动手能力和实操能力，切实点燃求知之火、种下智慧之苗。

　　"小小极客"系列是一艘小船，相信它能载着充满好奇、热爱科技的孩子畅游知识之海，到达未来科技的彼岸。

作者介绍

　　李蕾，文学博士，期刊编辑。李蕾有个每天"为什么"不离口的八岁女儿，她喜欢和孩子一起打卡各地博物馆，探索各种宇宙和科学的神秘问题。

小小极客探索之旅

　　阅读不只是读书上的文字和图画，阅读可以是多维的、立体的、多感官联动的。这套"小小极客"系列绘本不只是一套书，它还提供了涉及视觉、听觉多感官的丰富材料，带领孩子尽情遨游科学的世界；它提供了知识、游戏、测试，让孩子切实掌握科学知识；它能够激发孩子对世界的好奇心和求知欲，让亲子阅读的过程更加丰富而有趣。

　　一套书可以变成一个博物馆、一个游学营，快陪伴孩子开启一场充满乐趣和挑战的小小极客探索之旅吧！

极客小百科

关于书中提到的一些科学名词，这里有既通俗易懂又不失科学性的解释；关于书中介绍的科学事件，这里有更多有趣的故事，还能启发孩子思考。

这就是探索科学奥秘的钥匙，请用手机扫一扫，立刻就能获得——

极客相册

书中讲了这么多孩子没见过的科学发明，想看看它们真实的样子吗？想听听它们发出的声音吗？来这里吧！

极客游戏

读完本书，还可以陪孩子一起玩 AI 互动小游戏，让孩子轻松掌握科学原理，培养科学思维！

极客画廊

认识了这么多新的科学发明，孩子可以用自己的小手把它们画出来，尽情发挥自己的想象力吧！

极客小测试

读完本书，孩子成为小小极客了吗？来挑战看看吧！

小朋友，你知道吗？很久很久以前，地球上没有高楼大厦，没有电灯影院。每当夜晚降临，人们透过窗子，只能看见深蓝色的天空中一闪一闪的星星和时而像圆盘，时而像镰刀的月亮。

那些亮闪闪的东西是什么？它们离我们有多远？

也许从几十万年前，人类就开始问自己：我是在哪儿？天上最远的那颗星星上面究竟有什么？真想去那些星星上看个究竟！

飞向遥远星球
的传说

　　中国有个嫦娥奔月的古老传说。后羿的妻子嫦娥吞下了不死神药，于是身体变轻，神奇地飘了起来，越飘越高，一直飘到了月亮上。所以，故事里说月亮上有嫦娥，有一棵桂树，还有一只玉兔与嫦娥做伴呢。

希腊神话中有一位叫代达罗斯的艺术家。为了逃离克里特岛，他用羽毛和蜡制作出翅膀。他带着儿子伊卡洛斯双双缚上翅膀像鸟儿一样飞上了天空，而伊卡洛斯不听父亲的劝告，飞得太高，离太阳太近，蜡熔化了，羽毛散落下来，伊卡洛斯最终坠落在大海之中。

嫦娥和伊卡洛斯的传说都是人类对无边无际宇宙的美妙想象。在探索离开地球飞向天空的路途上，几千年来世界各地的人们从未停止过尝试。

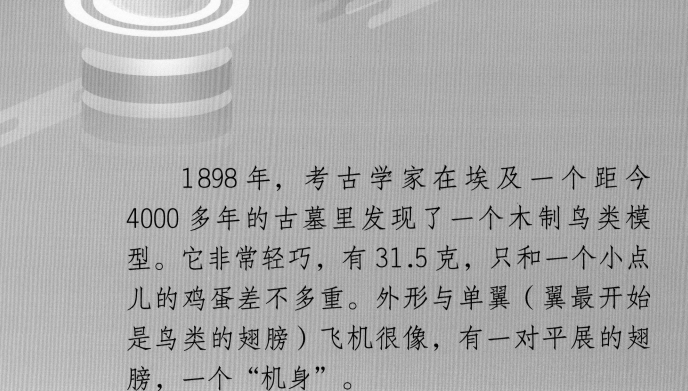

　　1898 年，考古学家在埃及一个距今 4000 多年的古墓里发现了一个木制鸟类模型。它非常轻巧，有 31.5 克，只和一个小点儿的鸡蛋差不多重。外形与单翼（翼最开始是鸟类的翅膀）飞机很像，有一对平展的翅膀，一个"机身"。

春秋战国时期的墨子看到天上的飞鸟，发明了木鸢（鸢是一种大鸟），后来鲁班也用竹、木制作了一只飞鸟。相传在楚汉垓下之战时，大将军韩信让张良乘坐牛皮做的风筝飞上天空，高唱楚国的歌曲，楚国的士兵听到了家乡的音乐，不再想战斗，最终楚军大败。

墨子研究试制了三年，终于用木板制成了一只木鸢，但只飞了一天就坏了。鲁班博学多才，擅长制作，也曾制成木鸢，在空中飞翔三天三夜不落下来。

火药提供飞的力量

火药发明后，人类的飞行计划进入了新时代。

南宋时期，中国出现了最早的军用火箭，这种火箭依靠向后喷的炽热气体的反作用力飞向目标。

明代有位发明家，人称万户，他是第一个尝试空中飞行、火箭载人飞行的勇敢者。相传他在座椅背后捆绑火箭，两手各拿一个大风筝，想要借助火箭向前推进和风筝上升的力量飞向天空。

这次世界上最早的火箭飞行试验最后失败了，但人类飞离地球的梦想一直没有停止。为了纪念万户的探索精神，国际天文联合会将月球背面一座环形山命名为"Wan Hoo"（万户）。

Wan Hoo（万户）

中国古代火箭由箭头、箭杆、箭羽和火药筒四部分组成。火药筒外壳用竹筒制作，里面填充火药，筒上端封闭，下端开口，引出导火线。点火后，火药在筒中燃烧，产生大量气体，高速向后喷射，产生向前推力。其实这就是现代火箭的雏形。

哇，我们国家那么早就有火箭了呀。不过那时的火箭和现在的火箭是一样的吗？

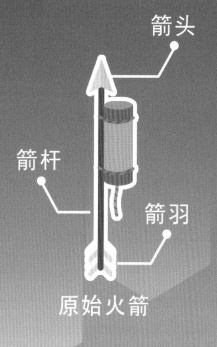

箭头

箭杆

箭羽

原始火箭

宋元之际，火药传入西方，广泛用于军事，也为西方人的飞天梦想提供了新的可能。

　　科幻小说家儒勒·凡尔纳在他的小说《从地球到月球》中描述了一种神奇的登月方式：美国有个炮兵俱乐部，俱乐部里的人天生喜欢奇思妙想，有一天他们动手制作了一艘超级大炮飞船，炮兵们将炮口对准月亮，轰的一声就将飞船中的探月者发送到月亮上去了。

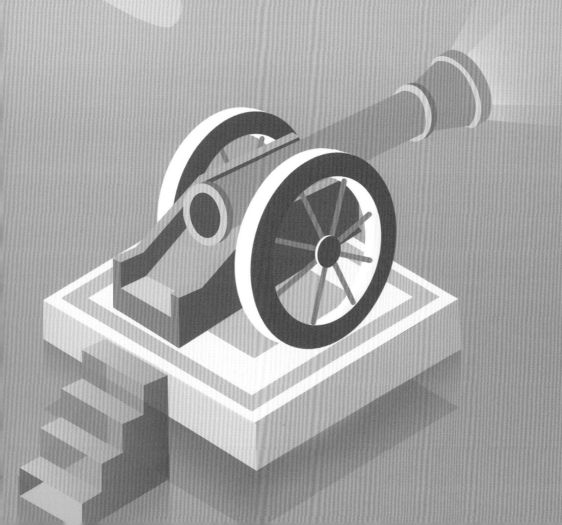

扫描二维码，学习更多知识。

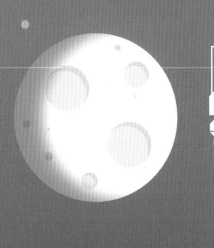

克服地心引力
飞离地球

地球有无所不在的地心引力。它使得地球像一个巨大的磁石,把周围大大小小的物体都拉向自己,必须克服这种引力,人们才能飞离地球。

300多年前,牛顿计算出当飞行达到一定的速度时,我们就可以飞离地球,这个速度就是7.9千米/秒。

它飞离地球了!不过还得环绕地球飞!

如果这个红球的速度达到 7.9 千米 / 秒，它可以飞到多远呢？

7.9 千米 / 秒到底有多快？假设你乘坐一辆公交车，这辆车以 7.9 千米 / 秒的速度行驶，上车后你只是眨了一下眼，公交车已经开出两三站地了！

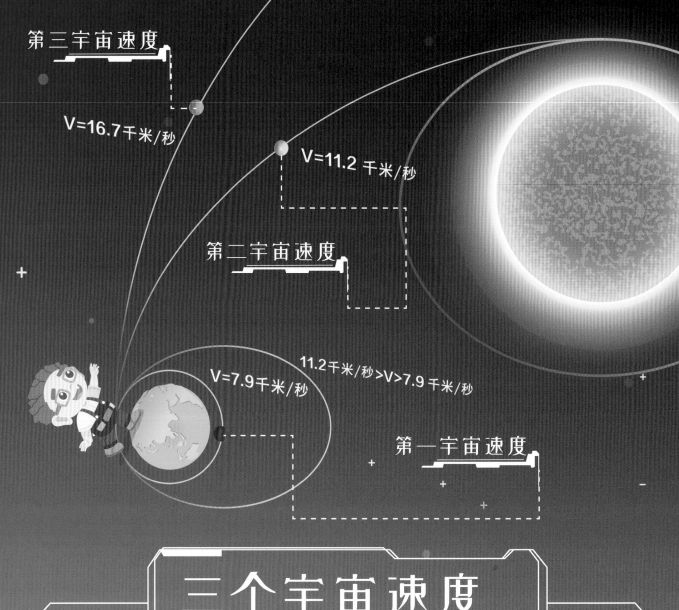

第三宇宙速度

V=16.7千米/秒

V=11.2 千米/秒

第二宇宙速度

11.2千米/秒>V>7.9千米/秒

V=7.9千米/秒

第一宇宙速度

三个宇宙速度

　　小朋友们，我们刚才说的这个7.9千米/秒，就是物理学家和天文学家所说的"第一宇宙速度"。

　　如果球的飞行速度继续加快，还可以到达第二宇宙速度（11.2千米/秒）和第三宇宙速度（16.7千米/秒）。那就可以飞到离地球更远的、更广阔的宇宙深处去了。

热气球篇

　　人类首次成功升空使用的飞行器是热气球。热气球的上半部分是一个大气球形状的球囊，下半部分装有吊篮，球囊内的空气受热膨胀，密度小于球囊外的冷空气，产生了浮力，热气球因此能够飞行。

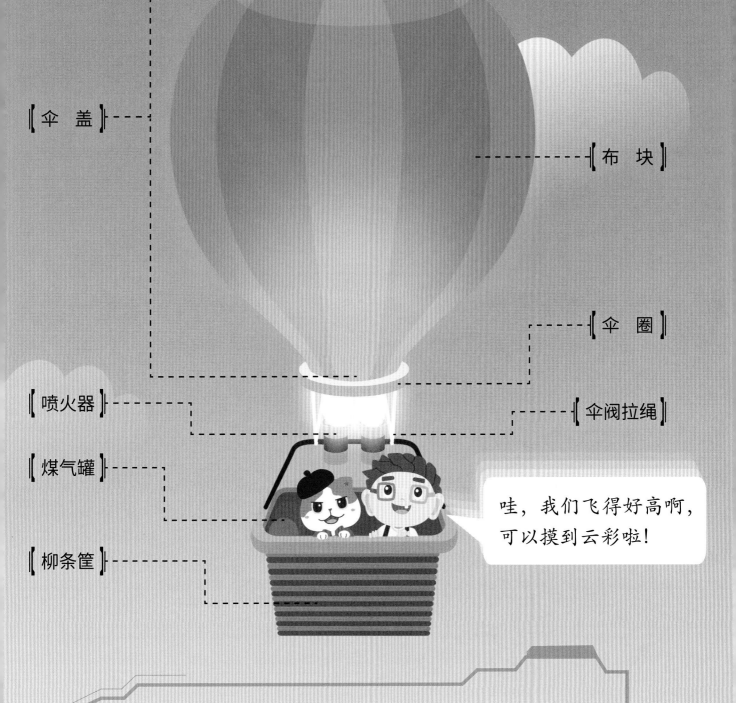

【伞　盖】

【布　块】

【伞　圈】

【喷火器】

【伞阀拉绳】

【煤气罐】

【柳条筐】

哇，我们飞得好高啊，可以摸到云彩啦！

18 世纪，法国造纸商蒙哥尔费兄弟发明了热气球。他们受到碎纸屑在火炉中不断升起的启发，用纸袋把热气聚集起来做实验，发现纸袋能够随着气流不断上升。

1783 年 11 月 21 日，法国的罗其尔和达尔兰德乘坐蒙哥尔费兄弟制作的热气球实现了人类的首次升空，飞离地球不再是梦想。

飞艇比热气球飞得更高更远啦!

飞艇篇

　　飞艇是一种航空器，它与热气球最大的区别在于装有推进和控制飞行状态的装置。从结构上看，飞艇可分为硬式飞艇、半硬式飞艇和软式飞艇。

【垂直尾翼】

【水平尾翼】

【弓形系留锥】

【主框架】

【吊　舱】

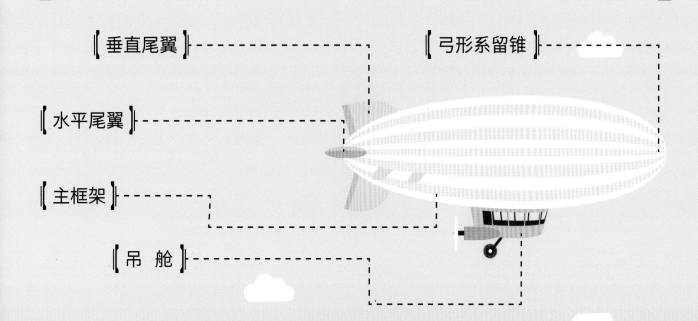

1784 年，法国罗伯特兄弟制造了一艘人力飞艇，长 15.6 米，最大直径 9.6 米，充上氢气后可产生巨大的浮力，可以把一只北极熊带入天空呢！

在飞艇发展史上，德国的退役将军菲迪南德·格拉夫·齐柏林是一个重要人物，他是硬式飞艇的发明者，被后人称为"飞艇之父"。

飞机篇

    大多数飞机都是由机翼、机身、尾翼、起落装置和动力装置五个主要部分组成。飞机的飞行要解决两个问题：一是上升，二是前进。飞机是靠机翼的上下产生的气压差来提供向上动力的，而前进靠的是发动机产生的向前牵引力或是喷气产生的向前推力。

    飞机的发明，让人类在飞行的跑道上快速跑起来！

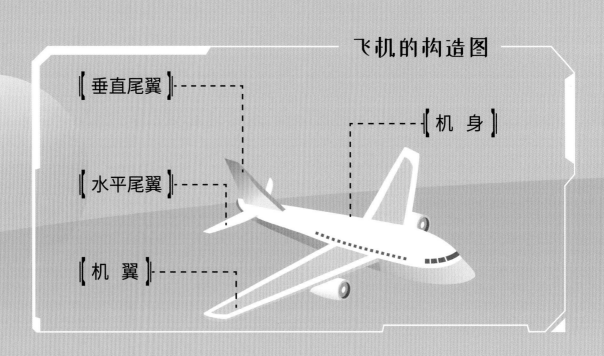

飞机的构造图

【垂直尾翼】

【机身】

【水平尾翼】

【机翼】

从 1900 年到 1902 年，美国的莱特兄弟进行 1000 多次滑翔试飞，终于在 1903 年制造出了第一架依靠自身动力载人飞行的飞机"飞行者 1 号"。

火箭篇

　　火箭的飞行原理可以根据牛顿提出的作用力与反作用力原理来解释，也就是火箭向后喷出气体，气体向后推动空气，空气就会给火箭以大小相同的反作用力来推动火箭前进。具体的原理和下面的小实验很像。

我们来做个火箭气球小实验吧。

将一个气球吹鼓，捏紧气球口，突然松开。气球是不是很快地飞出去了？

因为气球内的空气往外喷，产生的力量推动气球沿反方向飞出去。这就是作用力与反作用力的基本原理。

火 箭 发 射 之 旅

1926 年，美国科学家戈达德成功研制和发射了世界上第一枚液体推进器火箭。戈达德被公认为是"现代火箭技术之父"。

1945 年
美国在德国专家的帮助下成功发射 V－2 火箭。

1960 年
中国第一枚近程火箭发射成功。

1970 年
"长征 1 号"运载火箭首次发射"东方红 1 号"卫星成功。"长征"系列运载火箭是中国自主研制的航天运载工具。

2018 年
"长征"系列运载火箭已经飞行 297 次，截至 2018 年底发射成功率达到 95% 以上！

登月时代

月球是离地球最近的天体，也是人类一直以来梦想触及的星球。

1959 年 1 月，苏联首次发射"月球号"探测器对月球进行探测。

1969 年 7 月 21 日，三名美国宇航员乘坐的"阿波罗 11 号"宇宙飞船抵达月球。船长阿姆斯特朗迈出了人类登上月球的第一步，成为第一个登上月球的地球人。经过几千年的不断努力，人类终于实现了登月的梦想！

从那之后，人类不断在月球进行实验，并带回各种月球的土壤、岩石标本。

阿姆斯特朗有没有见到嫦娥和玉兔？

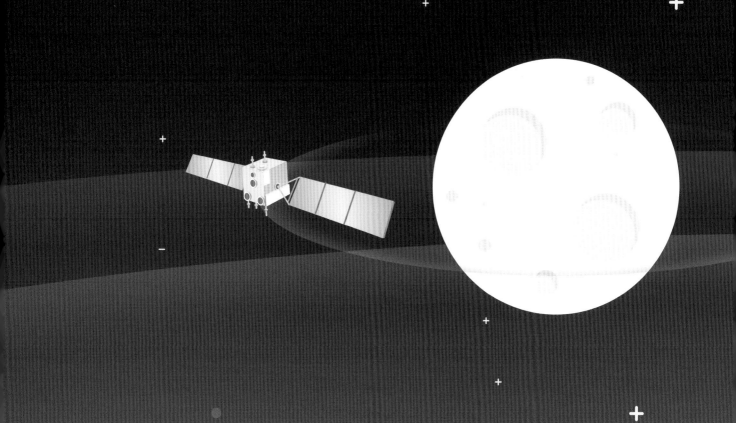

　　2004 年，中国正式开展月球探测工程，并命名为"嫦娥工程"。

　　2007 年 10 月 24 日 18 时 05 分，搭载着我国首颗探月卫星"嫦娥 1 号"的"长征 3 号甲"运载火箭成功发射，"嫦娥 1 号"顺利完成中国首次探月之旅。

　　人类不断地登月、探月，这颗原本无比神秘的星球似乎不再那么神秘了。

可以说，人类对月球的探索还是进行时，遥想未来，建立月球基地，像月宫仙子嫦娥一样生活在月球上，有没有可能变成现实呢？

我长大了也要去探月！

就在 2018 年，人类刚刚发现月球两极还存在大量的水冰。

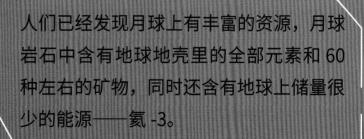

人们已经发现月球上有丰富的资源，月球岩石中含有地球地壳里的全部元素和 60 种左右的矿物，同时还含有地球上储量很少的能源——氦 -3。

火星计划

火星，作为地球的邻居，是太阳系中与地球最相像的一颗行星。一直以来，人类猜想火星上可能存在着神奇的生命，这些猜想不断召唤人类开启火星探索之旅。

1962 年 11 月 1 日，苏联发射"火星 1 号"探测器，拉开了人类探测火星的序幕。

1971 年 12 月 2 日，苏联"火星 3 号"探测器首次在火星着陆。

火星探测器在对火星勘察后，发回大量的图片和土壤试验数据。初步的结果表明，火星上存在生命的可能性很小，但在火星北极发现有冰盖存在，含水量可能达到地球大岛格陵兰岛的一半。

嗨！我是火星，等你们来做客呀！

目前，人类正在实施下一步火星探测工程，并计划对火星作载人探索发射，实地考察火星。火星很可能成为人类在月球之外，又一个可以真正触摸的星球。

太阳系

感受宇宙

　　飞离地球是人类太空探索的第一步,如今,人类制造的各种航天器已经实现了对太阳系中的太阳及金星、水星、火星、木星、土星等行星的探测,各种探测器正不断挣脱太阳的引力,飞出太阳系,进入辽阔的银河系。

首个冲出太阳系的人造航天器

"旅行者 1 号"是由美国宇航局研制的一艘无人外太阳系空间探测器，于 1977 年 9 月 5 日发射。"旅行者 1 号"曾到访过木星、土星，共计为人类发现了 20 多颗卫星。

我是"旅行者 1 号"，我带来了地球的问候！

2012 年 8 月 25 日，"旅行者 1 号"成为第一个穿越太阳系并进入星际的宇宙飞船。

如今，它已成为离地球最远的人造航天器。

这里要考考你："旅行者 1 号"飞离了太阳系，那么它的飞行速度应该超过了第几宇宙速度呢？

人类是宇宙的孩子。仰望星空，星河仿佛触手可及。

小朋友们，说说你最想去的星球是哪一个，然后画出你心中的超级宇宙飞行器吧！

我最爱的星球：_____

我的超级飞行器：_____

极客互动游戏

迷宫

要飞出地球可不是件容易的事儿！如果你是宇宙飞船驾驶员，你该怎么帮助飞船进入太空呢？现在我们来试试这个飞船迷宫图吧。请你按手机指令找到一个入口，然后仔细观察，带领宇宙飞船离开地球、进入太空吧！扫下方二维码才能开始游戏哦！

扫描二维码，玩极客游戏。

图书在版编目（ＣＩＰ）数据

飞出地球 / 李蕾编著 . -- 北京：海豚出版社：新世界出版社，2019.9
ISBN 978-7-5110-3892-0

Ⅰ.①飞… Ⅱ.①李… Ⅲ.①空间探索－少儿读物
Ⅳ.① V11-49

中国版本图书馆 CIP 数据核字 (2018) 第 280748 号

飞出地球
FEI CHU DIQIU
李 蕾 编著

出 版 人 王 磊
总 策 划 张 煜
责任编辑 梅秋慧 张 镛 郭雨欣
装帧设计 荆 娟
责任印制 于浩杰 王宝根
出 版 海豚出版社 新世界出版社
地 址 北京市西城区百万庄大街 24 号
邮 编 100037
电 话 (010)68995968（发行） (010)68996147（总编室）
印 刷 小森印刷（北京）有限公司
经 销 新华书店及网络书店
开 本 889mm×1194mm 1/16
印 张 3
字 数 37.5 千字
版 次 2019 年 9 月第 1 版 2019 年 9 月第 1 次印刷
标准书号 ISBN 978-7-5110-3892-0
定 价 29.80 元